奇趣动物联盟

和动物朋友聊聊天

斯塔熊文化　编绘

石油工業出版社

图书在版编目（CIP）数据

奇趣动物联盟．和动物朋友聊聊天 / 斯塔熊文化编绘．-- 北京 : 石油工业出版社，2020.10
ISBN 978-7-5183-4123-8

Ⅰ．①奇… Ⅱ．①斯… Ⅲ．①动物－青少年读物 Ⅳ．①Q95-49

中国版本图书馆 CIP 数据核字（2020）第 159864 号

奇趣动物联盟

和动物朋友聊聊天

斯塔熊文化　编绘

选题策划：马　骁
策划支持：斯塔熊文化
责任编辑：马　骁
责任校对：刘晓雪

出版发行：石油工业出版社
（北京安定门外安华里 2 区 1 号楼 100011）
网　　址：www.petropub.com
编 辑 部：（010）64523607　　图书营销中心：（010）64523633
经　　销：全国新华书店
印　　刷：北京中石油彩色印刷有限责任公司

2020 年 10 月第 1 版　2020 年 10 月第 1 次印刷
889 毫米 ×1194 毫米　开本：1/16　印张：3.75
字数：50 千字

定价：48.00 元
（如发现印装质量问题，我社图书营销中心负责调换）

欢迎来到我的世界

嗨！亲爱的小读者，很幸运与你见面！我是一个奇趣动物迷，你是不是跟我有一样的爱好呢？让我先来抛出几个问题“轰炸”你：

你想不想养只恐龙做宠物？

“超级旅行家”们想要顺利抵达目的地，要经历怎样的九死一生？

数亿年前的动物过着什么样的生活？

动物们怎样交朋友、聊八卦？

动物界的建筑师们有哪些独家技艺？

动物宝宝怎样从小不点儿长成大块头？

想不想搞定上面这些问题？我告诉你一个最简单的办法——打开你面前的这套书！这可不是一套普通的动物书，这套书里有：

令人称奇的恐龙饲养说明。

不可思议的迁徙档案解密。

远古生物诞生演化的奥秘。

表达喜怒哀乐的动物语言。

高超绝伦的动物建筑绝技。

萌态十足的动物成长记录。

童真的视角、全面的内容、权威的知识、趣味的图片……为你全面呈现。当你认真地读完这套书，你会拥有下面几个新身份：

恐龙高级饲养师。

迁徙动物指导师。

远古生物鉴定师。

动物情绪咨询师。

动物建筑设计师。

萌宝最佳照料师。

到时，我们会为你颁发“荣誉身份卡”，是不是超级期待？那就快快走进异彩纷呈的动物世界，一起探索奇趣动物王国的奥秘吧！

目录

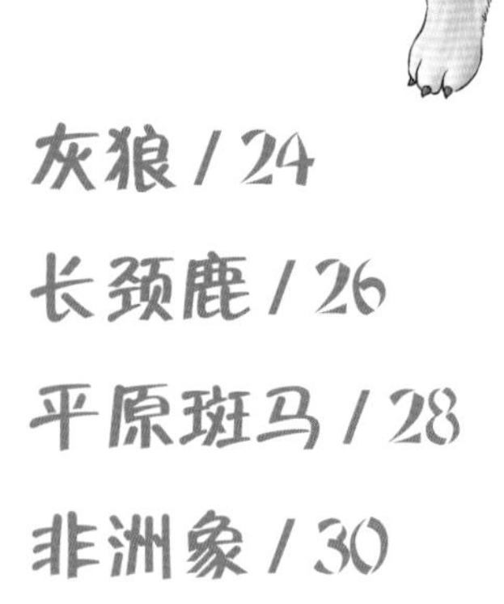

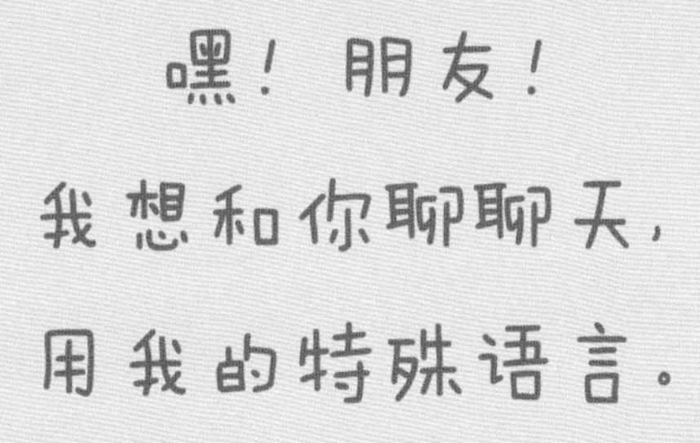

嘿！朋友！

我想和你聊聊天，

用我的特殊语言。

吃是第一位的

我们人类每天都需要食物来补充能量，动物世界也不例外。让我们一起去看看，动物们都喜欢吃什么吧！

爱吃肉的动物

食肉动物大多靠捕杀其他动物来获得食物。想要制服猎物并不是那么简单的，每当捕食者演化出更加快速、更加省力的方式，猎物也会做出相应的改变。比如，狮子追踪猎物时的脚步变得越来越轻、斑马的耳朵对轻微的声音变得越来越敏感等。

需要大量食物

有些猎食者喜欢猎取比自己小得多的猎物，所以它们每天都要捕捉足够多的猎物，才能填饱自己的肚子。

须鲸长着一张巨型的、能够过滤食物的大嘴，它将大量磷虾和海水一起吸进嘴里，然后滤出海水，就可以吃到磷虾了。

爱吃“剩饭”

秃鹫、秃鹳和鬣狗这些食肉动物喜欢吃其他捕食者剩下的食物。有时，它们也会寻找那些因为年老、受伤或者疾病而死去的动物作为食物。

花蜜真香甜

鲜艳的花瓣中间有甜蜜的富含能量的琼浆。蜂鸟每天要造访大约 60 朵花来吸取花蜜，这些花蜜的重量可以达到它们体重的一半。蜂鸟在吸蜜时，也帮助花朵传粉。每只停下来吸蜜的蜂鸟都会带来上一朵花的花粉，又将这朵花的花粉带到下一朵花上。

“巨型割草机”

斑马、白犀和水牛等食草动物就像巨型割草机一样，它们总是在低着头吃草。由于草的营养价值并不高，所以它们必须吃掉足够多的食物，才能维持生命所需。

种子味道也不错

种子是一种营养丰富并且资源充足的食物。以种子为食物的啮齿类和鸟类逐渐繁衍，成为世界上数量最多、分布最广泛的两大家族。老鼠、花栗鼠和雀类是其中的典型代表。

喜欢吃水果

植物的果实富含水分、碳水化合物和维生素C，有的还会有油脂。随着果实一同被吃进猴子肚子里的种子，经过消化道之后，通常会失去坚硬的外壳，在随着粪便被排出的时候，就已经做好了萌发的准备。

以树叶为食

以树叶为食的动物可以选择的食物种类更多：木本植物的嫩枝、嫩芽和叶片都是它们喜欢的美味。考拉、树懒生活在树林中，周围到处都是食物，张开嘴巴就可以吃到。长颈鹿、大象则利用它们先天的身体优势来取食高处的树叶。

我的生活面面观

如果多观察动物就会发现，它们其实也很忙碌，忙着寻找食物、贮存食物、寻找水源、清理身体……

贮存食物

如果食物吃不完，该怎么办呢？那就是把食物“打包”——贮存起来。穴居性的啮齿类动物会把食物藏在地下的洞穴里，而那些必须应对寒冬的动物，如北极狐、松鼠、鼠兔、河狸和橡树啄木鸟，会努力贮存食物来度过严酷的冬季。

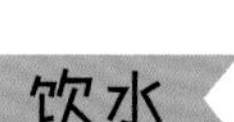

饮水

像考拉这种懒洋洋的动物，到地面去饮水是费劲又危险的事，所以它们只靠吃树叶或者喝露水来补充水分。沙漠中的沙鸡会在雨后的水坑中涉水，将胸前的羽毛沾满水，带回巢中给幼鸟饮用。还有的动物会在有水时“豪饮”一番，比如单峰驼，可以一次喝掉约 57 升的水，并在接下来的 17 天内滴水不沾。

排便

野生的小型猫科动物有固定的“厕所”，在排便后会将粪便埋起来，以消除痕迹和气味。在树林间穿梭的动物，可就没有这么讲究了，它们可以随时随地排便，而不用担心粪便污染自己的生活区域。生活在巢里的鸟儿只要简单地往巢边一站，就能把粪便拉在巢外。

调节体温

两栖动物和爬行动物无法靠自身内部调节体温，只能依靠外部环境来调节体温。比如，海龟在经过了寒冷的一夜后，会通过晒太阳恢复自己的体温。当体温达到一定值时，它们又会返回水中让自己降温。

睡觉

动物们对睡眠需求的差异非常大。考拉每天要睡 18 小时，松鼠要睡 14 小时，狮子一天中有三分之二的时间都在睡觉，而长颈鹿不管一天奔波了多远的路程，每晚只需要 20 分钟的深度睡眠时间。无论睡得怎么样，动物仍然能够奔跑、跳跃、埋伏、拍打翅膀，并且精准地扑倒猎物。

清理身体

鸟类每天都会用嘴整理羽毛，有些鸟会用水洗澡，还有的鸟会在尘土中沐浴。有些哺乳动物，如大象、河马、犀牛等，会在淤泥里打滚，等淤泥变干后，再把干了的泥蹭掉。猫咪们则会先舔爪子，再用爪子摩擦嘴唇、胡须、面部等地方。灵长类动物会用灵巧的手指拨开毛发，寻找污秽或寄生虫，有时它们还会邀请同伴来帮忙查看自己摸不到的地方。

门卫
分解食物
垃圾站
小宝宝！
雄蚁
快快长！
卵
幼虫
女王请用餐！

动物的家

当恶劣天气或捕食者来袭，有没有一个可以躲避的地方，是动物们生死的关键。一些动物仅在越冬或者养育子女时，才会利用庇护所；而另外的一些动物，为了舒适和安全的需要，每天都会躲回庇护所。它们的庇护所可以是简单地在砂石堆里挖出的一个碗状的坑，也可以像地下迷宫那样复杂。

你是敌是友？

动物生存在没有法律的自然界，它们有自己的朋友，也有需要躲避的天敌。如何与别的动物相处，有时关系到它们的生死。

问候的礼节

动物们相遇后，会通过一系列事先约定的规则交换信息。它们的行为有各自固定的模式，例如，狗会嗅一嗅对方，北极熊会转圈，斑马会碰鼻子，每个动物都会向对方表达“我是谁”“我接下来想要做什么”。

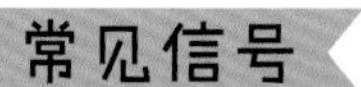

常见信号

动物会通过一些途径来传递信号。气味的持续时间较长，因此它们通常会使用气味来标记领地。

夜间活动的动物使用声音和气味传递信息，而日间活动的动物则更倾向于使用视觉信号来交流。

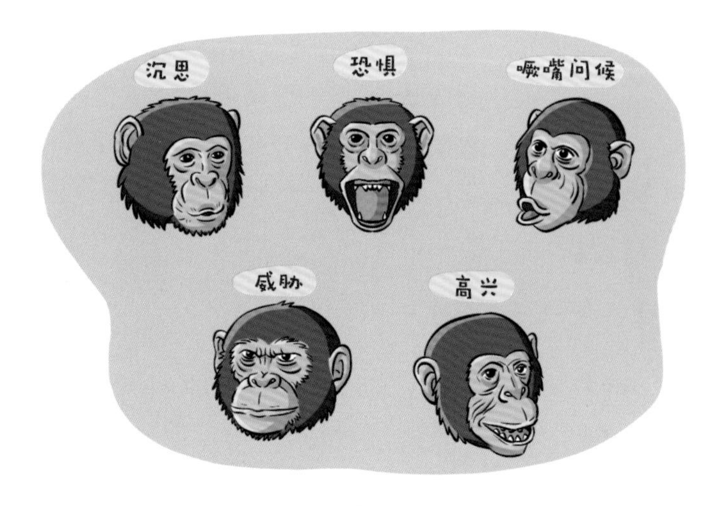

面部线索

哺乳动物是所有动物中面部表情最丰富的，它们通常能够靠活动嘴唇、耳朵、眼睛甚至鼻子来表达一些信号。

黑猩猩能靠嘴部表达不同的状态：沉思时，轻轻合上嘴巴；威胁对方时，将嘴唇紧紧地抿在一起；感到恐惧时，会张大嘴巴；高兴时会微笑；问候时又会将嘴噘起来。

友善的行为

动物间常见的友善行为就是问候、顺从、理毛和玩耍。通过这些行为，可以避免发生冲突或者缓和邻里关系。比如，在玩耍的氛围中，大熊猫之间的摔跤比赛，就像是慢镜头播放，谁都不会动真格的。

威胁展示

动物们如果在路上相遇，警告的第一步是威胁展示。处于优势的动物会警告处于劣势的动物：我比你等级高；“原住民”会警告“入侵者”：这是我的地盘。威胁展示通常会展示武器、大小、力量，大多数冲突都不会继续发展，有时，一个锐利的眼神就可以吓跑对方。

仪式化打斗

如果威胁起不到作用，动物之间就会出现仪式化打斗。双方在打斗时并不会全力以赴，还会采取保护措施避免受伤。这样的打斗其实是让彼此了解对方的实力，一旦分出哪一方更加强壮，打斗就到此为止了，处于弱势的一方通常会乖乖溜走。

真实打斗

如果双方中有一方处于极度疼痛或者恐惧中，或者在遭到围困，竭尽全力保护自己的后代、领地时，冲突就会演变为奋力一搏的打斗。在打斗时，动物们都会保护好自己身体的脆弱部位。

敌人，较量一番吧！

如果确定对方是敌人，动物们应该怎么应对呢？不用担心，他们自有一套办法。

打不过就跑

如果遇到特别强大的对手，动物们的第一反应就是逃跑。当直线奔跑不管用的时候，兔子等动物就会采取“之”字形的奔跑路线来逃命。它们会不可预测地突然转向，趁着追赶敌人还没弄清楚状况，就逃之夭夭了。

利用环境

动物们会利用环境来保护自己，穴居的啮齿类动物总是在洞穴入口处附近活动，这是因为它们的天敌会以极快的速度突然降临在头顶。如果没有第一时间冲进洞穴，土拨鼠、地松鼠、鼬等动物们都会成为天敌的美餐。

上天或入水

如果遇到敌人，鸟类的第一选择肯定是冲上天空，生活在树上的松鼠、猴子等会快速躲进茂密的树枝。此外，跳进水里也是一个不错的办法，遇到危险的时候，有的动物会立刻跳下水，可是如果捕食者恰巧也会游泳，那就太糟糕了。

装死逃命

如果不幸被敌人抓住了，还有一个绝妙的办法——装死，通过这种办法可成功地分散捕食者的注意力。对于那些习惯了只吃新鲜食物的捕食者来说，看到死去的猎物，就会失去胃口。

恐吓捕食者

有一些动物会突然改变身体的颜色或者形态来恐吓捕食者，捕食者看到猎物这种意想不到的举动，通常会有短暂的迟疑，如果抓住这个机会，它们就有机会脱身。

伞蜥的性格较为胆小，看起来不过是一只颈部挂着披肩的大蜥蜴，但一有捕食者接近，它就会突然张大嘴巴发出“嘶嘶”声，下颚附近的皮肤会突然张开呈伞状，摆出要拼命的样子，然后趁对手被吓呆时，它立刻狂奔到安全的树上，再用警惕的眼神注视对方。

丢部分，保生命

动物们不幸被捕食者捕获，还有一个折中的办法，那就是把身体的一部分留给捕食者享用，最好是那些不会立刻对生存产生威胁的部分，而且还能够再生。壁虎在危急关头，就会选择丢掉尾巴，当上当受骗的捕食者被像虫子一样扭动的尾巴吸引住目光时，壁虎早就逃之夭夭了。

奋起反击

奋起反击是动物们获得脱身机会的最后一招，捕食者也许会因为不值得费力气去制服它们而放弃。面对捕食者，野牛会用它那尖刀一样的牛角奋力抵抗，甚至给予对方致命一击。

猫

猫是在全世界都颇受人们喜爱的一种宠物，它们性情温顺，聪明活泼，行动敏捷，走起路来悄无声息，仿佛是天生的贵族。为了能与家里的猫和谐相处，我们需要了解一下它们的“语言”。

好奇

当猫的耳朵朝前竖起来时，表明它们对眼前的东西感到好奇。如果主人将手握成拳头伸到它们的面前，它们可能还会伸出爪子轻轻碰触，希望主人打开看看。当它们对高处的东西感到好奇时，有时还会双脚站立起来。

警惕

如果猫咪的耳朵竖立，身体也坐得笔直，这说明它们非常警惕，或者正要准备猎食，很可能是听到了老鼠或者小鸟的声音。

害怕

猫咪拱起脊背，毛发炸起，说明正感到害怕，这时候最好不要接近它们。有时，它们会压低身体，将尾巴夹在两腿之间，耳朵往外压，瞳孔放大，随时准备逃跑。有时，它们还会发出“嘶”声，表示自己准备战斗，以吓唬对方。

舒适

猫咪表现出一种很享受的状态，身体放松，尾巴来回摇晃，甚至会发出“呼噜呼噜”的声音，那说明它们对目前所处的环境感到安全和放心。

做标记

当我们抚摸猫咪的时候，猫咪也会用头部来摩擦我们的手，这样在我们的手上就会留下它们的味道，这是一种做标记的方式。同时，我们身上的味道也被它们保留在了自己身上。这种做标记的方法，可以帮助猫咪与主人之间建立密切的联系，因为它们会用味道来区分敌友。

认错

一般来说，猫咪在做错事的时候，主人肯定会对猫咪进行训话，而这个时候猫咪一般都会躲避主人的目光，自己安静地趴下，显得不知所措的样子，或者是动也不动，垂下自己的耳朵，看起来无精打采的，这其实就是猫咪在向主人认错。

玩耍

猫咪在地上打滚，将肚皮朝向人或动物，表示愿意和对方一起玩游戏。如果它们眯着眼睛、卷起尾巴，然后扑向目标，就是它们觉得这样“太好玩了”。猫咪只有在扑向它自己知道是假目标的玩具时才这样做，如果目标是真正的猎物，它们的动作会谨慎和认真得多。

狗

狗一向被称为“人类最忠实的朋友”，是饲养率极高的宠物。它们有灵敏的嗅觉和听觉，能替主人看家护院，能帮助主人狩猎，甚至还能成为军犬、警犬、导盲犬、搜毒犬、雪橇犬等，真是本领高强呢！

开心

如果狗飞快地跑到主人的身边，还一直快速地摇尾巴，同时发出轻微的“呜呜”声，或者原地转圈，就表示它们非常开心。当主人打开门回到家时，经常会受到这样热情的欢迎。有时，它们一激动，还会用两只后腿站立起来，将两只前爪搭在主人的身上。

生气

当狗生气时，会垂下尾巴，还会露出牙齿并低呜示威。有时还会降低身体，看起来蓄势待发似的。如果它们情绪爆发，还可能咬着一些东西狂甩。这时，主人如果给它们一点好吃的，会起到很好的安抚作用。

认输

当主人跟狗一起打闹时，狗可能会躺在地上，肚皮朝上，抬起两只前爪，这表示它们在认输、求饶。因为肚子是狗身上非常脆弱的地方，它们能任凭主人抚摸自己的肚子，也表示对主人绝对信任。

害怕

狗害怕时会将尾巴夹起来，同时低下头，眼神比较躲闪。如果它们感到情况不妙，还会不断后退，甚至立刻逃走。因此，“夹着尾巴逃跑”这句话肯定是古人观察狗的行为总结出来的。

邀请玩耍

有时，狗会将前半身趴下，把屁股翘起来，同时摇摇尾巴，这表示它们在邀请主人一起玩耍。如果主人不理会，它们还会在旁边跳来跳去，看起来非常顽皮。如果主人有反馈动作，它们就会跳起来跑开，然后再回头看主人有没有跟过来。

警惕

当狗听到一些异常的动静时，就会立刻竖起耳朵，仔细倾听，有时还会“汪汪”地叫两声。同时，它们身上的肌肉也会紧张起来，好像随时准备进攻来侵犯的敌人一样。

难过

当狗感到难过时，就会趴下来，把头枕在前脚上，眼皮下垂，看起来无精打采的。有时，它们还会发出“呜呜”的声音，甚至会流眼泪。

仓鼠

仓鼠是一种体型娇小的啮齿类动物，因为和人类亲近，已经成为许多人家中的可爱宠物。虽然饲养仓鼠省时省力，但是为了让它们生活得更开心，了解它们的想法也是很有必要的。

高兴

仓鼠心情好的时候，耳朵会朝下，还会露出尾巴。有时，它们还会悠闲地整理自己的毛发。如果主人把手伸进笼子，它们还可能会爬到主人的手上。

警惕

仓鼠的警惕性非常高，一旦听到一丝异常的声音，就会把耳朵高高地竖起来。这时如果要行走，它们也会压低身体。如果察觉到什么风吹草动，它们就会迅速躲起来。

好奇

仓鼠对什么东西感到好奇时，就会凑上去仔细看，同时会闻一闻，接着再舔一舔。如果没有什么危险，它们就会用牙试着咬一咬，看看这东西能不能吃。在不熟悉的情况下，如果主人贸然把手指伸过去，它们也是会咬一口的。

害怕

仓鼠的胆子很小，当感到害怕时，会本能地躲到角落里。如果主人在此时伸手过去，它们可能还会发出类似尖叫的声音，同时浑身发抖、四处逃窜，或者做出攻击的动作。

信任

当主人开笼子时，仓鼠只是抬头看看而不会躲藏，表示仓鼠对主人有了初步的信任。如果仓鼠不反抗，任由主人伸手抓住，这表示信任度更高。如果仓鼠能舒适地躺在主人的手里吃东西或者睡觉，则表示对主人完全信任。

发怒

当仓鼠发怒时，会翻过身，四肢朝上乱蹬乱踢靠近的物体，严重时还会尖叫。这是仓鼠的高级别防卫姿势，此时它们已经做好了殊死搏斗的准备。

仓鼠行为失序症

仓鼠行为失序症是仓鼠身上的一种精神疾病，发病时仓鼠会持续地转圈、后空翻、倒仰着走等，直到恢复正常或者累倒。不了解的人以为这是仓鼠的“绝活”，其实此时的仓鼠是非常痛苦的。

大猩猩

大猩猩是体型最大的灵长类动物，它们身体粗壮、剽悍，看起来丑陋而鲁莽。事实上，大猩猩是害羞而温柔的动物，它们并不会无端发怒。

玩耍

大猩猩每天都会花很多时间用于玩耍，它们会翻跟头、攀爬、跳跃，还会跳进水里拍打水面，溅起水花。如果意外获得一些奇怪的物品，它们也会像人类得到了新玩具一样，仔细把玩一番。

我是领导

一个大猩猩小群体一般包括一只银背大猩猩（年长的雄性大猩猩在 11 ～ 13 岁时，背部会长出一片银色毛发）、几只较年轻的黑背大猩猩、几只雌性大猩猩和它们的孩子们。银背大猩猩会以一种僵硬而夸张的姿势站立或者大步行走，这是为了表明它在群体中的统治地位。

威胁

大猩猩在威胁对方时，会将嘴唇绷成一条直线，眉头紧锁，同时强势地凝视。有时，它们还会将嘴唇往后拉，露出牙齿，发出咆哮声。如果这样还不行，它们就会直立起来，雄性大猩猩会用握紧的双拳捶打胸部，发出“砰砰”的响声，也会晃动拳头，使对方害怕。

屈服

当一只大猩猩不想惹上麻烦时，就会蜷缩在地上，腹部朝下，露出宽阔的后背，向强势的一方表达自己的顺从之意。有时，它们还会用手臂护住自己的头部。

恐惧

大猩猩感到恐惧时，会表现得非常安静，好像在仔细聆听一样。在极度恐惧时，它们甚至会张大嘴巴，往后扭头，同时发出尖利的叫声。

求偶

雌性大猩猩在求偶时可能会躺或者趴在雄性大猩猩面前，并伸出一只手做邀请状。同时，它们还会压紧嘴唇在嘴角鼓起一个包。雄性大猩猩在求偶时也会有这种紧张的表情，它们会快速地摆动头部，或者捶打自己的胸部，以吸引雌性大猩猩的注意。

照顾后代

幼小的大猩猩出生后，大猩猩母亲就会舔、啃、抓、摩擦自己的孩子，还会将其翻来覆去，好像爱不释手一样。大猩猩母亲在地面上行走时，孩子们往往会抓住它们腹侧的毛，或者是骑在母亲的背上。

灰狼

在很早以前，人类就把狼带回自己的家园，并将其驯化为狗。现在，自然界中还有狼成群结队地生活在一起。它们既狡猾又凶猛，非常可怕，是所在栖息地的顶级捕食者之一。

喜欢嗥叫

嗥叫是狼的典型特征。在一个狼群中，每只狼都会以不同的音调嗥叫，因此它们听声音就能辨别出是谁。嗥叫是狼交流信息的一种方式，有的动物学家为了研究狼群，会学狼嗥叫，附近的狼群听到后一般都会回应。这样，动物学家就可以循着声音，潜行到狼群附近去观察了。

嗅闻

灰狼经常用鼻子穿过同伴脖颈的毛，轻轻地触碰下面的皮肤，这是它们在彼此嗅闻，是一种打招呼的方式。当两只狼彼此嗅闻时，地位高的狼会抬起尾巴，而地位低的则会垂下尾巴，表示自己顺从对方。

一起玩耍

狼崽们每天会用很多时间来玩耍，它们会互相追逐、伏击、假装打斗。在玩耍中，双方的角色总是不断变化，一会儿你追我，一会儿我追你。在玩耍中，它们增进了彼此的关系，还学习了很多捕猎的技巧。

威胁

狼群中，地位高的狼在威胁地位低的狼时，总是把头抬得很高，耳朵向前倾斜，轻轻张开嘴，露出犬齿，并伸缩舌头，同时竖起全身的毛，看起来已经做好了进攻的准备。如果距离较远，它们有时会像狮子一样压低身体，做出要扑过去的姿势。当然，如果对方不后退、不投降，它们并不介意发起真正的进攻。

主动投降

地位低的狼在被地位高的狼威胁时，如果感到恐惧，就会闭上自己的嘴，并发出投降的哀鸣声。同时，它们会蜷缩身体，将尾巴垂下或者夹在两条腿中间。

我的忍让是有限度的！

防卫

地位低的狼在做出投降动作后，如果对方依然不依不饶，那它们就要做好防卫准备了。这时，它们会拱起后背，向下卷起尾巴，同时低着头或偏着头，耳朵朝后，张开嘴巴露出牙齿。这表明它们内心虽然很恐惧，但却敢于战斗。

合作捕猎

狼很善于合作捕猎。当某只狼发现猎物时，会把信息传递给同伴们。接着，狼群会在头狼的带领下向猎物靠近，围攻其中的老弱病残个体。科学家发现，狼的数量增多后，狼群的捕猎成功率并没有显著提升，这是因为狼群中也有喜欢不劳而获的家伙。

长颈鹿

长颈鹿是世界上现存最高的陆生动物，它们性情温顺，以树叶和小树枝为主食。尽管它们身材高大，在自然界中却活得小心翼翼，需要时刻警惕那些危险的捕食者。

护理身体

牛文鸟和牛椋鸟喜欢和长颈鹿生活在一起，它们会啄食长颈鹿身上的虱子和吸血蝇。虽然长颈鹿会因此受伤，但一般也不会驱赶它们。不过，有的小长颈鹿被啄痛后，也会发怒驱赶这些小鸟。

欢迎来到牛文鸟护理中心！

请你们温柔一点哦！

奇特的睡姿

长颈鹿一般要到凌晨才会谨慎地卧下来，反刍两三个小时后，才会断断续续地睡觉。它们的熟睡时间很短，成年长颈鹿一晚上大约熟睡几十分钟而已。令人感到惊奇的是它们睡觉的姿势——将前腿蜷缩在身下，脖子弯向后方，头放在后腿上或地上。

亲密行为

为了增进彼此的关系，长颈鹿之间会有一些亲密的行为，比如碰触鼻子、舔舐或摩擦。尤其是幼小的长颈鹿，它们在相遇时会碰触彼此的鼻子，互相舔对方的身体，或者摩擦对方。而且，它们对某些对象会有更多的互动，这说明长颈鹿也是有朋友的。

小心防御

长颈鹿长着一双敏锐的眼睛，一旦发现人类或者捕食者，它们就会紧盯着目标，张开鼻孔并竖起耳朵。这时，其他长颈鹿也会注意到目标。当目标靠得太近时，感到危险的长颈鹿就会发出尖锐的鼻音并突然倾斜身体，发出快速逃离的信号。

傲慢的强者

长颈鹿通常都能和平共处，不过有的强者由于地位较高，会偶尔威胁一下其他成员，以确定自己的等级。强势的长颈鹿举止比较傲慢，走路时会竖直脖颈，将头和下巴朝前，径直朝弱势的长颈鹿走过去，逼其让路。有时，强势的长颈鹿还会压低脖子，将头往前伸，与地面平行，好像要进攻似的，以威慑对方。

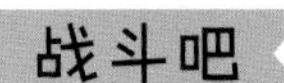

战斗吧

虽然长颈鹿性情温顺，但是也有发怒的时候。当两只长颈鹿互不相让时，战斗一触即发。通常，它们会站在一起，将脖颈向两侧分开，再猛烈地撞击在一起，发出几十米外都能听到的巨响。战斗会一直持续到有一方认输并主动后退几步为止。

记住自己的孩子

雌性长颈鹿会在生下自己的孩子后，用舌头舔、用鼻子嗅闻它，这样既能让小长颈鹿保持清洁，又能记住其独特的气味。当它们融入长颈鹿的群体后，雌长颈鹿就会依靠气味找到自己的孩子。有时，小长颈鹿找不到自己的妈妈了，也会发出“哞哞”的叫声。

平原斑马

平原斑马是斑马的一种，生活在非洲的草原上。它们身上长满了黑白相间的条纹，看起来非常怪异。面对草原上的危险捕食者，斑马种群还能得到蓬勃的发展，这种条纹可以说是功不可没啊。

玩耍

年轻的斑马每天会将很多精力耗费在玩耍上，它们会互相追逐、假装打斗，或者模仿成年斑马撕咬、用后腿站立等。在尽兴之后，它们往往会把头靠在彼此的后背上休息。

有爱的家族

斑马群在移动时，会照顾群体中的年幼、年老或残疾个体。因此，斑马群的移动速度是由群体中速度最慢的个体决定的。如果有某只斑马跟群体走散了，优势雄性斑马还会走很远的路，充分调动眼睛、耳朵和鼻子去寻找它的踪迹，并在痕迹变得微弱时发出联系的叫声。

问候

当两匹斑马相遇时，会向前伸长脑袋，嗅闻彼此的鼻子。这时，它们的耳朵会向前弯，嘴唇会向后拉，微微张着嘴，同时做出轻微的咀嚼动作。有时，它们还会头尾相对，互相摩擦对方的身体。

威胁

当两匹斑马发生冲突时，它们会伸长脖子面对对方，将耳朵朝后，同时张开嘴巴，甚至露出牙齿，表明自己真的会撕咬对方。

群体育幼

斑马群中，所有的幼年斑马都会得到较好的照顾。当一匹幼年斑马遇到危险时，只要发出尖叫声，就能及时得到斑马群的营救。

打斗

斑马打斗时，会先头尾相对转圈，寻找攻击对方后腿的机会。然后它们会将脖颈压在对方的脖颈上，使劲往下压，就像人类在掰手腕一样。打斗激烈时，它们会用蹄子互踢，咬对方的脖子、耳朵等部位。

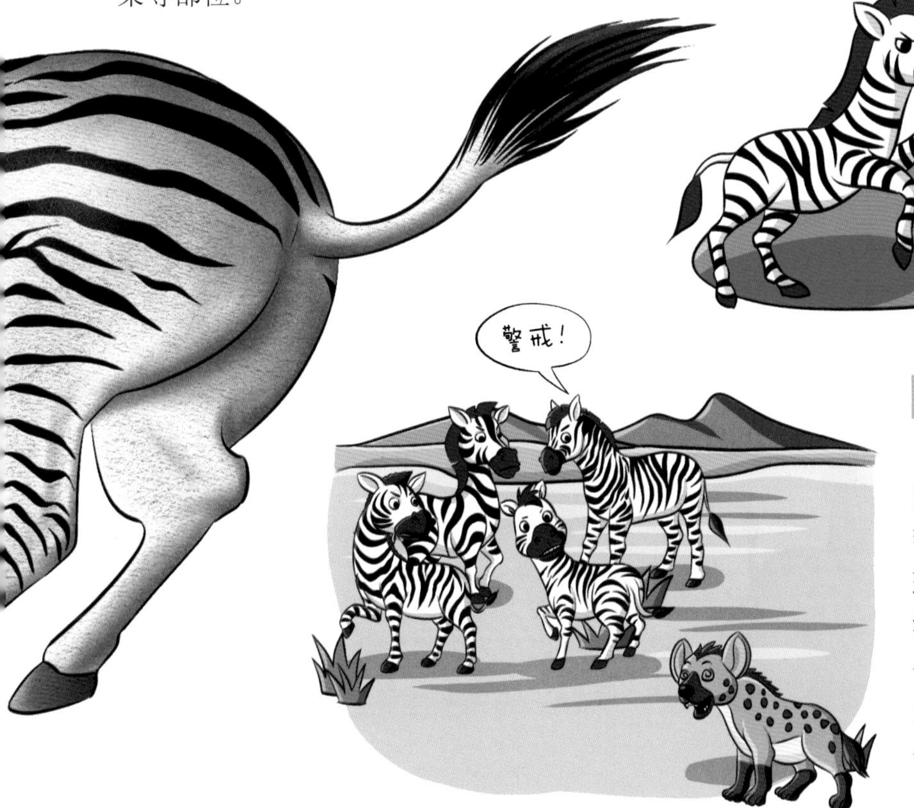

防御

当发现狮子、鬣狗、猎豹等在附近潜伏时，放哨的斑马会发出报警声来警告同伴们。这时，所有的斑马都会抬起头，凝视着危险的来源。如果捕食者进一步靠近，它们会把耳朵冲着前方，面对捕食者。当捕食者靠近到一定距离时，它们会立刻转身逃走。

非洲象

非洲象生活在非洲的大草原上，它们长着蒲扇一样的大耳朵，是陆地上最大的哺乳动物。

照顾小象

当象群在移动时，如果有一只蹒跚学步的小象摔倒了，所有的大象都会停下来。这时，小象的母亲或者其他成员会将它扶起来，并安抚它的情绪。随后，象群才会继续前行。

象群

在覆盖非洲东部和南部大部分地区的热带稀树草原，象群以雌象为首领，以母系群的方式生活。一个象群通常由数头成年雌象、它们的小象，以及两个世代的成年后代组成。每个家族的成员之间有着非常亲近而且持久的亲情链。

热情地问候

大象问候对方时，会径直走过去，用鼻子触摸对方的鼻端，或者把鼻子塞进对方的嘴巴里。如果是分别很久后的重逢，它们会显得很兴奋，可能会大吼、尖叫好几分钟。

防御

当遇到危险时，象群的成员们会聚集在一起，共同抵御敌人。它们把小象护在中间，举起鼻子呈“壶嘴”状，嗅闻空气中的危险。在必要的时候，大象们会同时摇晃着脑袋，吼叫着冲向敌人，将其吓退。

教学

小象刚开始学习喝水时，显得有点笨拙，要么是鼻子把嘴堵住了，要么是水从嘴里漏出来了。这时，成年的母象就会走到它面前，用鼻子吸起水，用力地将水喷进自己口中，给小象做示范，以便让它掌握这项本领。

冲突

当两头大象发生冲突时，强势的一方会张开耳朵，抽动尾巴，同时扬起头，越过象牙注视对方。这时，弱势的一方可能会压低头部或转身避开。当然，如果双方互不相让时，它们就可能会收起鼻子，用前额去撞击对方，或者用象牙攻击对方。

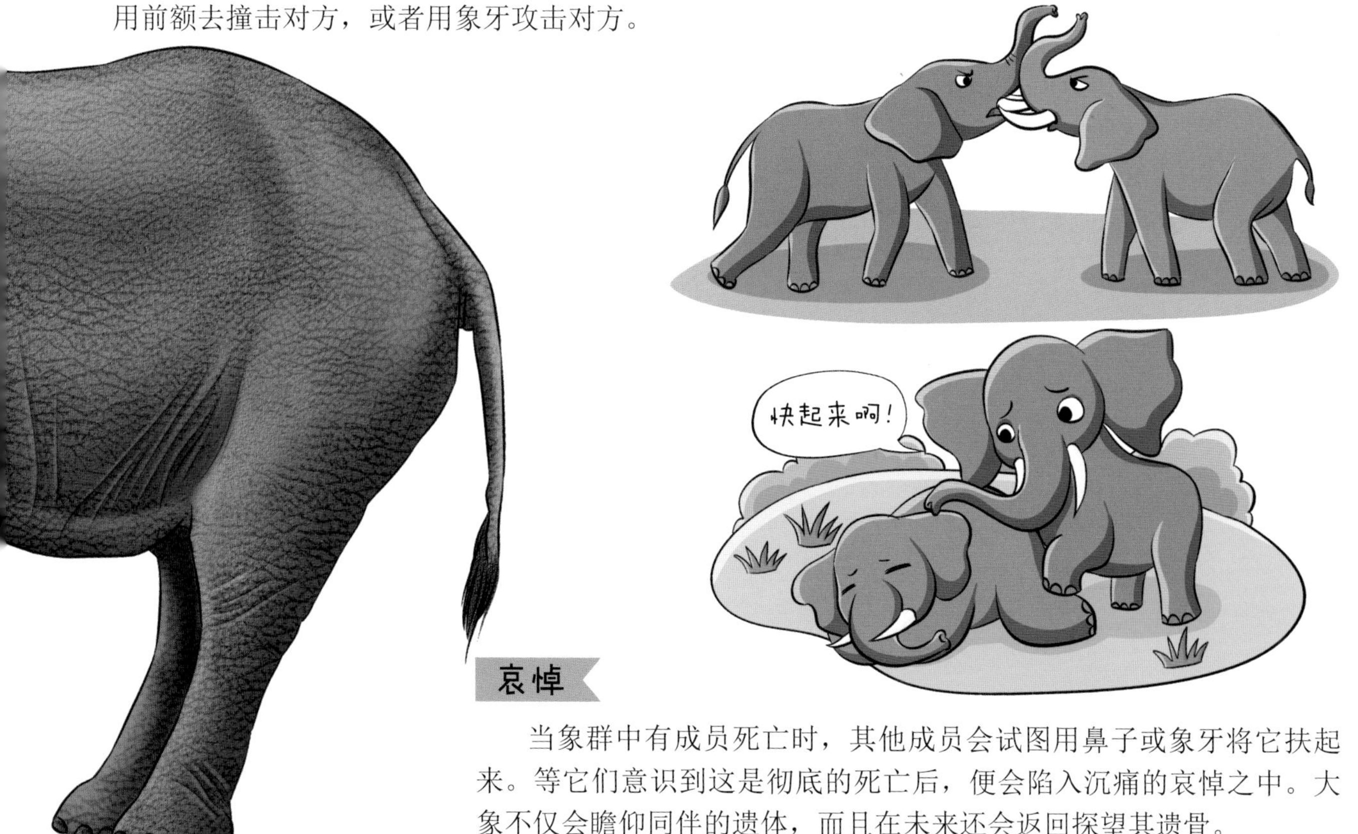

哀悼

当象群中有成员死亡时，其他成员会试图用鼻子或象牙将它扶起来。等它们意识到这是彻底的死亡后，便会陷入沉痛的哀悼之中。大象不仅会瞻仰同伴的遗体，而且在未来还会返回探望其遗骨。

黑犀

黑犀主要生活在非洲的丛林地带或丛林、草原的过渡地带，以树枝、树叶为食。它们身体结实，看起来就像装甲车一样坚不可摧。黑犀的脾气不好，容易乱冲乱撞，但多数时候还是能和其他食草动物和睦相处。

孤独的犀牛

大多数时间，犀牛都是独自生活的。因为它们需要一个足够大的领域，才能获得充足的食物。有的犀牛会到同一个水坑喝水，相互比较熟悉，当有陌生的犀牛想加入时，它们可能会联手进行驱赶。

喜欢泥浴

犀牛没有汗腺，所以它们喜欢在身体表面裹上一层稀泥，通过稀泥变干带走身体的热量，同时也能防止蚊蝇叮咬。当稀泥变干脱落时，还能除去它们体表的虱子和其他寄生虫。

好朋友

牛椋鸟是犀牛的好朋友，也是它们称职的“警卫员”。当犀牛睡觉时，牛椋鸟会站在它们的背上，以虱子为食。当有其他动物或人类靠近时，牛椋鸟就会大声尖叫，叫醒睡梦中的犀牛。

“公共厕所”

生活在同一片区域的犀牛们喜欢在同一个地方排便，这里就像是它们的“公共厕所”一样。它们会嗅别的犀牛留下的粪便，以此获得许多有用的信息。它们还会用后腿踢开粪堆，让腿上携带自己粪便的气味，以便标记自己的领地范围，以免其他犀牛入侵。

冲突

犀牛发生冲突时，往往会先吓唬对方，它们会压低脑袋，竖起耳朵，并在冲锋时发出尖叫。一般来说，当一方表现出打斗的意愿时，另一方就会主动退避。不过，有时候也会发生真正的流血冲突，两头犀牛低着头冲锋，用角往上顶对方，这样的打斗往往会给双方留下严重的伤口。

照顾幼崽

雌犀牛产下幼崽后，会在3～5年内与其保持亲密的关系，直到有了新的幼崽为止。幼崽总是跟在母亲的身后，行走在母亲走过的道路上。如果幼崽淘气跑到了母亲的视线范围外，母亲就会大声叫它回来。如果幼崽遇到了危险，也会大喊大叫，呼唤自己的母亲。

被赶走的小犀牛

小犀牛在1～2岁时就断奶了，不过还是会跟随在母亲身边。当母亲产下另一个幼崽时，它就会被赶走了。随后，它可能与另一头被赶走的小犀牛结伴，或跟随别的雌犀牛，但最终它会独自生活。

白鲸

白鲸主要生活在北极和亚北极海域，它们有着流线型的身体结构，雪白的肌肤，还有高超的游泳本领。通常，它们在冬天会生活在浮冰区，夏天就会转移到海岸和河流入海口附近。

蜕皮

白鲸每年都会蜕皮一次，为了加快这一进程，它们在蜕皮时会经常在浅水区的砂砾或砾石上磨蹭自己的身体。这时，人们就会观察到很多尾鳍在水面上激烈地摆动。几天之后，老皮肤全部蜕掉，白鲸就会换上干净漂亮的新皮肤了。

海洋中的“金丝雀”

白鲸是优秀的“口技”专家，能发出几百种声音，而且发出的声音变化多端。它们喜欢利用声音来自娱自乐或者交流信息，就像在唱歌一样，因此早期的水手称它们为“海洋中的金丝雀”。

灵活的嘴唇

白鲸的嘴唇很灵活，可以把猎物吸到嘴里，还能喷出一股水流把藏起来的猎物赶出来。如果被激怒了，它们往往会突然合上嘴，发出很大的响声，以表明自己情绪不好。

冲突

当一只白鲸在威胁对方时，其额隆会肿胀且往前倾，同时张开嘴巴，露出牙齿。如果对方不肯投降或者撤退，它就会用力摆动自己的尾巴，冲上去追咬对方。虽然白鲸的牙齿很粗钝，但有时也会在对方身上留下一些伤痕。

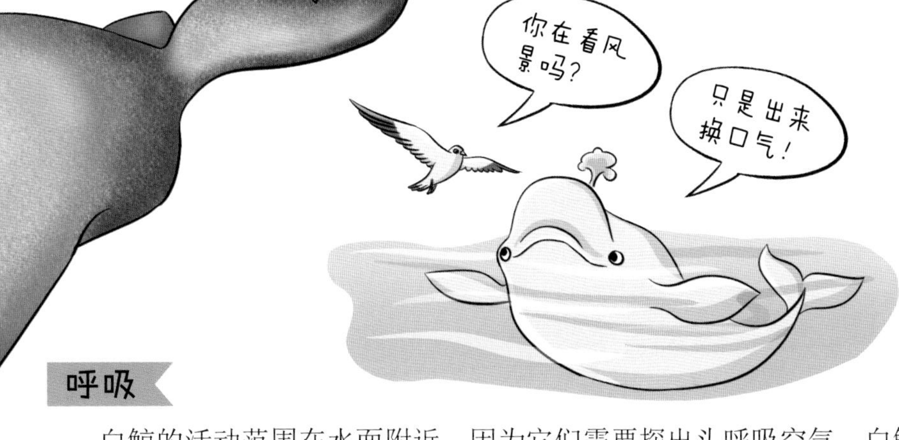

呼吸

白鲸的活动范围在水面附近，因为它们需要探出头呼吸空气。白鲸的呼吸孔在头部上方，它们往往谨慎行动，只把呼吸孔露出水面，让捕食者难以察觉。

休息

白鲸疲惫的时候，也会打盹休息。这时，它们会在一个地方停留较长的时间，但不会完全不动，而是轻轻地挥动着鳍肢，因为就算它们在休息时，有一半的大脑也是保持警觉的，有一只眼睛也是睁开的。而且，它们还要时不时地浮到水面上呼吸。

信任人类

白鲸刚开始见到人类时，会表现得很好奇。在习惯了和人类相处后，就不会拒绝人类的抚摸和喂食，而且还喜欢和人类互动。因此，饲养员和白鲸的关系是非常融洽的。

宽吻海豚

宽吻海豚主要生活在热带和温带海域的近海区域，它们有着迷人的笑容和优雅的身姿，颇受人们喜爱。当乘坐轮船在大海上航行时，突然看到一群宽吻海豚跃出水面，人们总是会发出热烈的欢呼声。

海豚的声音

海豚的声音有三种类型，即口哨声、滴答声和其他的吼叫声。当海豚之间进行交流时，它们会使用口哨声或者吼叫声；当它们需要回声定位时，就会使用滴答声。当一群海豚同时发出口哨声时，那场面就像是在进行合唱，非常壮观。

互相帮助

当海豚生病时，它们会发出特殊的口哨声。其他海豚听到后，就会赶来帮助，它们会将生病的海豚顶出水面，帮助其呼吸。有时遇到有人落水，它们也会将落水者顶出水面，并送回岸边。

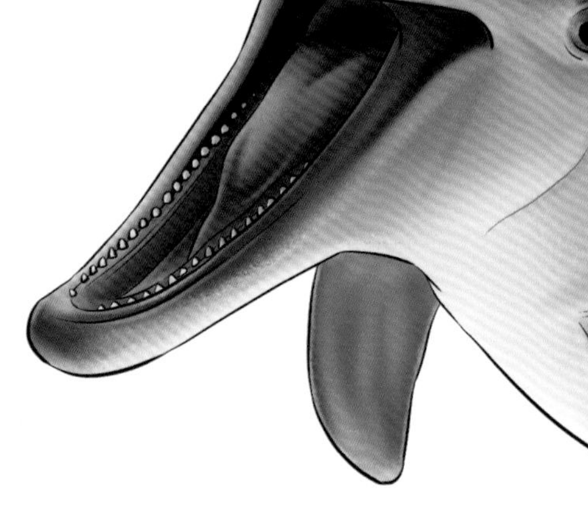

亲密友好

海豚和同伴之间相处非常友好，它们会一起游泳，在同伴的鳍上摩擦身体，或者用尾鳍、下颚等去碰触同伴。有时，两只海豚会腹部贴在一起游动，相互拍打鳍，就像人类在拍手一样。

玩游戏

海豚喜欢玩游戏。动物园中的海豚即使在没有游客时，也喜欢在水里自娱自乐。它们会利用任何东西玩乐，比如水面漂浮的玩具、羽毛、树叶等。有时，它们还会突然相互追逐，就像在进行游泳比赛一样。

合作捕鱼

海豚会合作捕鱼，它们在鱼群周围围成一个圆圈，在边缘和底部进食；有时它们也会把鱼群赶到浅水区，然后搅动淤泥，迫使鱼儿们跃出水面，它们则张大嘴欢快地进食。

呼吸

海豚在潜水时，头上的呼吸孔会合上；当它们跃出水面时，呼吸孔就会打开，然后呼出一口气，同时再深吸一口。每吸一口气，海豚就能在水下待好几分钟。当一群海豚集体游动时，它们总是会在同一时间跃出水面换气。

保持警惕

当海豚突然被身边的物体惊吓时，会集体安静下来。它们会寻找到目标，然后慢慢靠近，利用声呐探查，然后用身体碰触，进行研究。最终，当它们确定这个东西无害时，才会恢复正常的活动状态。如果它们感到了危险，就会发出警告的口哨声。

尼罗鳄

尼罗鳄是非洲最大的鳄鱼，主要生活在非洲尼罗河流域及非洲南部地区，在马达加斯加岛也有它们的身影。这种大部分时间几乎一动不动的生物是非常危险的，因为它们一旦动起来，就可能是残忍的猎杀。

友好合作

鳄鱼捕捉到大型猎物时，只要在水中扯着猎物旋转就能撕下肉块。但猎物不够大时，它们往往会让同伴帮忙一起撕咬，也会大方地让同伴分走一些食物。有时，它们还会合作捕猎，将鱼儿们围起来分食。

求偶

在求偶时，雄性鳄鱼会尽力显示自己的魅力。它们会抬起头，发出巨大的咆哮声。雌性鳄鱼受到吸引后，就会主动靠近，并将口鼻露出水面，表示没有恶意。接着，雄性鳄鱼就会抖动身躯、摇摆尾巴或者不停地张开又合上嘴巴，以溅起水花，或者是用鼻孔把水喷到数米高。最终，雌性鳄鱼被雄性鳄鱼的魅力征服，便会同意与对方结成配偶。

帮助小鳄鱼

鳄鱼将卵产在孵化巢中，并用沙土覆盖。当小鳄鱼破壳而出后，有时对上层的沙土无可奈何，这时它们就会集体大声喊叫。当它们的母亲听到声音后，就会用爪子和下巴把这些小鳄鱼从沙土里挖出来。

大声求救

当小鳄鱼遇到危险时，就会大声哭叫起来，附近的小鳄鱼们听到后，也会一起哭叫。周围的成年鳄鱼听到后，就会立刻赶过来，弄清楚小鳄鱼们哭叫的原因，然后赶走潜在的入侵者。

强者的威胁

鳄鱼的体型有大有小，一般来说，体型越大的地位越高，其战斗力也越强。在游泳时，强势的鳄鱼会大胆地把头部、背部和尾巴露出水面。如果有入侵者闯入它的领地，它就会用后腿站立，将身体抬出水面，张大嘴巴，然后猛地合上嘴，发出“砰”的巨响声，或者是猛地拍打尾巴，快速追赶入侵者。

打斗

当两只鳄鱼发生打斗时，场面是非常激烈的。它们会张开嘴巴，露出可怕的牙齿，用头碰撞对方，用尾巴抽打对方。一旦咬住对方的身体，它们就不会轻易放开，除非一方落荒而逃。

取暖和降温

当天气较热导致体温过高时，鳄鱼就会张大嘴巴，让嘴里湿热的结构暴露在空气中，以便散发热量。如果这样不能解决问题，它们就会找个阴凉的地方或者返回水中。黎明到来前，水的温度降低了，鳄鱼就会爬上岸，准备晒日光浴，让自己暖和起来。

科莫多巨蜥

科莫多巨蜥长得很像恐龙，因此又叫科莫多龙，是世界上现存的最大蜥蜴。科莫多巨蜥栖息在印度尼西亚的科莫多岛和附近几个岛上，它们生性凶猛，是岛上的霸主。不管是野猪、鹿、水牛，还是蛙类或其他同类，都会成为它们的食物，哪怕是腐肉，它们也能吃得津津有味。

识别气味

科莫多巨蜥会吃掉同类，所以小巨蜥出生之后，会躲到树上，以壁虎为食。等长到大约1米长，它们才会下地生活。它们走在路上，也要仔细识别其他大巨蜥留下的气味，尽量避免接触。当遇到一个粪堆时，它们会仔细研究一下：这是不是一个强大巨蜥留下的？是什么时候留下的？继续前进会不会有危险？

不要激怒强者

当强大的科莫多巨蜥进食时，弱小的巨蜥通常在周围等待，否则就会被攻击。只有在强者吃饱后，它们才有机会上前吃一点剩下的食物。但它们依然会紧张地关注着强者们的动静，如果强者们有一点异常举动，都可能使它们放弃进食。

取暖和降温

科莫多巨蜥会通过晒太阳取暖，在饱餐一顿后，也要晒一晒太阳，因为如果没有足够的热量，它们就不能消化胃里的食物。天气过热的时候，它们就将上半身和尾巴抬离地面，张大嘴巴大口喘气，让凉爽的空气进入体内。

争斗不可避免

科莫多巨蜥在威胁对手时，往往会将尾巴勾起来，同时张开嘴巴，露出牙齿。如果双方都比较强势，那就可能演变为一场大战。正在打斗的科莫多巨蜥有时会用后腿站立，用前肢抓住对方，寻找机会撕咬。

沉默的“杀手”

科莫多巨蜥虽然凶猛，但却是个“哑巴”，其声带很不发达，就算被激怒时，也只能发出“嘶嘶”的声音。

警戒

在捕猎时，科莫多巨蜥会垂下尾巴，抬高前半身，巡视周围的区域。同时，它们还会吐出舌头，像蛇一样捕捉空气中的气味。

致命武器

科莫多巨蜥的致命武器是牙齿和毒液。只要被它们咬伤的动物，都会在几小时至几天内死去。尸体腐烂发出的臭味能让周围的巨蜥全部聚过来，大家围在一起进食。虽然科莫多巨蜥喜欢独居，但在美食面前，它们也顾不了那么多了。

大红鹳

大红鹳又叫大火烈鸟，是一种体大而身高的大型涉禽。大红鹳全身的羽毛主要为朱红色，从远处看去，就像一团熊熊燃烧的火焰。

集群生活

大红鹳性情温和，相互之间相处友好。它们喜欢集群生活，往往成千上万只聚集在一起，十分壮观。当有一只大红鹳飞上天空时，也会有一大群紧紧跟随，边飞边鸣。

摆头

摆头是大红鹳在求偶时的常见展示动作。当群体中的个别大红鹳大声发出特有的叫声时，其他大红鹳就会加入进来，大家一起摆动头部。

列队行走

大红鹳在求偶时，还喜欢列队行走。有时，有数百只大红鹳一起列队行走，然后突然又一起转向其他方向，就像在听从某个指挥官的指挥一样，非常有趣。

假装进食

有时，正在前进的大红鹳队伍会突然停下，然后所有大红鹳都会将脖子向前弯曲，将喙放在水中。看起来，它们好像在进食，因为它们的喙还会“咯咯”地响，其实这只是它们的一种表演而已。

警告一番

当大红鹳被打扰时，往往会做出警告的动作。它们会立直身体，将脖子高高地抬起，让自己显得非常高大，然后四处张望，同时发出警告的叫声。在面对威胁时，它们还会将喙往下弯成钩状，并激烈地晃动脖子。

打斗

大红鹳之间有时也会发生冲突，尤其是在繁殖季节。强势的大红鹳会把头压低，几乎与水面相平，然后将喙的尖端指向对方。如果对方不愿意屈服，也会做出相同的动作，并导致双方互啄的结果。

求喂养

大红鹳的巢都建在一起，就像一个小村子一样。在这些顶部为凹槽的“碉堡”式巢中，白色的幼鸟会通过鸣叫向父母索取食物。大红鹳喂给幼鸟吃的不是小鱼小虾，而是一种血红色的分泌物，是产生于喉咙和上消化道的腺体。

沙丘鹤

沙丘鹤又叫棕鹤或加拿大鹤，是一种大型涉禽，喜欢栖息在有灌丛和水草的沼泽地带。它们的气管很长，因此能发出非常洪亮的叫声，听起来古老而有野性。

整理羽毛

沙丘鹤整理羽毛时非常细心，它们会咬住一根羽毛的根部，用嘴将其捋顺，使羽毛的连锁处紧密结合，有利于飞行。它们还会把喙插入尾巴根部分泌的腺体中，把油脂涂抹在羽毛上，以增加防水性。

集群生活

沙丘鹤喜欢聚集成群，这样可以提高生存的概率。鹤群活动时，会通过叫声来统一大家的步调。如果有的沙丘鹤停下来觅食，也会用叫声告诉大家这里有食物。当要再次起飞时，它们就会迎风站立，发出高频的叫声通知大家。

威胁

沙丘鹤威胁对方的姿势是低下头，炫耀头上的红冠，同时绕着对方转圈，可能还会发出低吼声。有时，它们会做出要用喙猛戳对方的动作。如果对方不愿意打斗，就会主动避让，表现出服从的姿态。

打斗

沙丘鹤打斗时，主要的武器是喙和脚。它们会用喙猛戳对方，还会跳到空中，用脚踢对方。这种打斗一般持续不了多久，因为总有一只沙丘鹤会很快撤离。

求偶舞蹈

沙丘鹤的求偶舞蹈是非常激动人心的。雌鹤和雄鹤会相对站立，欢快地鸣叫，同时低头又抬起，继而不断跳跃，同时拍打翅膀，就像在玩蹦床一样。有时，它们还会衔起一根木棍或者草叶，将其抛向空中。

求偶歌唱

当沙丘鹤求偶时，雌鹤和雄鹤会站在一起，断断续续地轮流歌唱。一般雄鹤会竖起喙，而雌鹤则放平喙。听起来，好像二重唱一样。

小沙丘鹤

小鹤出生后，就形影不离地跟着父母，时不时地发出想吃食物的叫声。稍大一点时，小鹤就会四处游荡，但当它们感到饥饿或寒冷时，还是会发出紧张的大叫声，向父母求助。

阿德利企鹅

阿德利企鹅是企鹅家族中的中、小型种类，也是南极最常见的企鹅。虽然它们直立行走时看起来很笨拙，但是在水中游泳时，却优雅而高效，非常适合生活在这片冰雪大陆。

高超的游泳本领

阿德利企鹅在水中游动时，双腿会紧贴在身后，还会像飞行的鸟儿一样拍打鳍肢，以加快速度。它们的游动速度能达到每小时 17.6 千米，有时会像海豚一样跃出水面，呼吸几口空气后又潜入水中。它们上岸时，有时也会直接从海水中冲出来，落在冰面上。

集群生活

阿德利企鹅喜欢群居，因为这样能更好地抵御寒冷和天敌，也能提高个体的生存概率。在繁殖季节，它们共同迁徙到海岸附近。之后，又集体往北迁徙。在前进的时候，它们会排成长长的队伍。就算在跳进大海时，它们也喜欢排着队。

偷石头

阿德利企鹅在雪地上用石头筑巢，虽然石头不能保暖，但可以预防巢和蛋被融化的冰雪打湿。因为大部分区域被积雪覆盖，所以要找到石头也不是一件容易的事。因此，有的阿德利企鹅就会从邻居那里偷石头。为了不被发现，它们会背对着勤劳的邻居，偏着头偷偷观察，等邻居离开了再飞快地跑过去偷走石头。

我没有恶意

阿德利企鹅的巢都离得很近，所以它们总是不可避免地要从邻居的家门口路过。为了不让邻居误会自己，它们在走路时都会采用一种特别的姿势，那就是将鳍肢放在身体两侧或身后，嘴巴朝上，然后快速通过。

整理羽毛

阿德利企鹅每年都会脱下陈旧、破烂的羽毛，长出新的羽毛，这时它们就会花很多时间来精心梳理。每次从水中上岸后，它们也会将羽毛重新整理一番，使其蓬松而整齐，恢复隔热的功能。

降温

气温高于 0℃时，阿德利企鹅会感到非常难受，这时它们就要想办法为自己降温了。有时，它们会趴在雪地上，将两只脚掌冲上，同时张大嘴不停喘气，这就是它们在为自己降温。

打斗

阿德利企鹅之间有时也会有冲突，甚至发生激烈的打斗。它们会用喙啄对方，用鳍肢猛击对方，或者用胸部将对方撞倒。往往一方落败后，胜利的一方还要继续追打一阵。

孔雀

孔雀是一种拥有华美羽毛的鸟类，尤其是雄孔雀，有着长而漂亮的尾巴，色彩艳丽，有绿、蓝、紫褐等颜色，并有金属光泽。人们最喜欢看的就是孔雀开屏，但你知道这是一种什么行为吗？

追逐游戏

孔雀很喜欢玩追逐游戏，经常不知道由于什么原因，一只孔雀就会绕着灌木丛追逐另一只孔雀，而这游戏往往也会突然莫名其妙地结束。

整理羽毛

孔雀每天都会花差不多一个小时的时间来整理自己的羽毛。它们会精心梳理这些羽毛，并用尾巴处分泌的油脂为其上油。不过，油脂过多则是有害的，所以有时它们会在灰尘里扑腾，让羽毛沾上灰尘，从而吸收多余的油脂。

排除危险

晚上睡觉前，雌孔雀会先在地上等待，让雄孔雀到栖枝上检查一番。雄孔雀排除危险后，再通知雌孔雀飞上栖枝。随后，这群孔雀会发出鸣叫声，然后才安静地休息。

防御

晚上，孔雀们睡觉时，如果任何一只听到周围有异常的声音，就会立刻发出一连串的警告声。其他孔雀被惊醒后，也会一起鸣叫。显然，这种集体防御的习性能提高整个团体的防御力。

孔雀开屏

开屏是雄孔雀典型的求偶展示。它们把覆羽张开呈半圆形，同时拍打翅膀，以吸引雌孔雀的注意。有时它们还会提前开屏，再突然转过身子面对雌孔雀，就像给个惊喜一样。雌孔雀会慢慢被吸引，并靠近雄孔雀。最终，双方情投意合，便会结成配偶了。

威胁

雄孔雀会威胁任何试图靠近其领域的物体，它们会像求偶时一样做出开屏展示。雌孔雀在筑巢时也会有保卫巢穴的本能，会对可疑的对象做出威胁动作：竖起短尾，做出和雄孔雀一样的开屏动作，甚至大叫着冲向对方。

打斗

两只孔雀发生打斗时，它们会扇动翅膀，一边扑腾一边用脚去踢对方，同时找机会啄对方。受伤较重的孔雀很快就会落荒而逃，但也会小心防备着对方继续追打。

非洲鸵鸟

非洲鸵鸟是世界上最大的一种鸟类，它们的身高能达到 2.5 米，体重能达到 150 千克。虽然它们不会飞，但却善于奔跑，就算背上驮着一个成年人，也能健步如飞。

沙浴

鸵鸟喜欢在沙尘中打滚，这样可以去除它们身上的寄生虫，也能让灰尘吸走羽毛上多余的油脂。有时，很多只鸵鸟会在一起扑腾，制造出尘土飞扬的场面。

威胁

鸵鸟们聚在一起的时候，尤其是在水坑边时，很容易区分出哪些鸵鸟比较强势。强势的鸵鸟会站得笔直，扬起尾巴，还不断向其他鸵鸟发出各种叫声。处于弱势的鸵鸟则会低下头，垂下尾巴，将脖子弯成“U”形，显示出顺从的样子。

打斗

当两只鸵鸟互不相让时，就会爆发一场打斗。这时，它们会面对面站立，微微张开翅膀以保持平衡，然后用自己的脚去猛踢对方的腹部。千万不要小看鸵鸟的力量，它们一脚下去足以踢死一头不够强壮的狮子。

睡觉

鸵鸟在睡觉或打盹时，会把腿盘起来放在身子下面，将脖子弯成“S”形或者平放在地上。这时，它们驼峰状的身体露出在草地上，远远看去就像是一个灌木丛，这样捕食者就不容易发现它们了。

权力的威逼

鸵鸟群中有一只地位高的雌性鸵鸟，它会在有需要的时候动用自己的权力。比如，当它们靠近一个水坑时，为了检查周围有没有埋伏的捕食者，地位高的鸵鸟就会逼地位低的鸵鸟往前走，甚至用脚将其踢出去。

孵卵

雄性鸵鸟和地位高的雌性鸵鸟会轮流孵卵。其他地位低的雌性鸵鸟也会在巢中产卵，但由于鸵鸟一次只能孵大约 20 枚卵，所以多余的卵很多会被地位高的雌性鸵鸟挑出来放在旁边，至于是被捕食者吃掉了还是踩坏了，它们完全不在乎。

保护行为

小鸵鸟们出生后，会被鸵鸟妈妈和鸵鸟爸爸精心照顾和教导。遇到捕食者的时候，鸵鸟爸爸会勇敢地前后奔跑，同时张开和拍打翅膀，不断发出叫声，以吸引捕食者的注意。这时，鸵鸟妈妈就会带着小鸵鸟们赶紧溜走。

白头海雕

白头海雕又叫美洲雕，是一种大型猛禽，也是美国的国鸟。成年海雕体长可达1米，翼展超过2米，常栖息在海岸、湖沼和河流附近，以捕食大马哈鱼、鳟鱼、野鸭、海鸥等为食。

利用热气流

海雕的翅膀张开后非常宽大，因此它们能轻易获得空气的浮力。它们在空中翱翔时，会尽可能地利用从地表升起的热气流，让自己升到更高的地方，然后向下滑翔，这样就能节约很多体力。

冲突

海雕之间有时也会发生冲突，可能是为了保护巢穴，也可能是为了争夺位置较好的栖枝。当一只海雕闯入了另一只海雕的领地时，被入侵者就会发出高频的威胁叫声，或者在入侵者头上盘旋、尖叫，或者冲向入侵者，并伸出锋利的爪子，直到将入侵者赶走为止。

绝佳的猎手

海雕拥有异常敏锐的视力，能在几千米的高空发现地面、水面的猎物。为了快速捕捉猎物，它们会收起翅膀，像子弹头那样飞快地冲下来，在接近目标时再展开翅膀并张开尾羽降低速度，然后用强壮而锋利的爪子抓住猎物。

抢夺食物

海雕有时会抢夺别人的猎物。比如，在空中追击另一只海雕，迫使其放弃得手的猎物。或在另一只海雕准备进食时，冲过去伺机抢夺。被骚扰的海雕会尖叫并竖起头部和颈部的羽毛，用喙攻击对方，以守护自己的猎物。

求偶飞行

海雕求偶时，双方会在天空嬉戏玩耍，进行一系列追逐和展示。其中，最惊险的是翻滚展示。两只海雕会一起飞到高空，将爪子紧紧锁在一起，然后垂直从高空急速降落。在快到达地面时，它们再松开爪子，各自重新飞起来。

从小就好胜

小海雕从小就争强好胜，它们会争夺父母喂养的食物，还会互相打斗。有时，一只强壮的小海雕会钳住另一个弱小者的喙，将其拖拽至死。如果有入侵者靠近，小海雕就会张开翅膀，发出“嘶嘶”声，并试图用爪子和喙进行攻击。

相处问题

海雕配偶有时会采取合作捕猎的方式，一方会将猎物驱赶到配偶所在的方位，让配偶能有机会将其擒住。如果岸边发现了大型动物的尸体，许多海雕都会过去享用。由于食物太充足了，所以这个时候海雕们都会彼此容忍，尽可能避免摩擦。

鸡

鸡是人们非常熟悉的一种家禽，是人类的主要肉食和蛋的提供者。每天早晨，大公鸡都会“喔喔”叫，这真的是为了叫人们起床吗？母鸡下了蛋，又为什么要“咯咯哒”地叫呢？让我来告诉你吧！

打鸣

公鸡打鸣其实是一种由来已久的习惯，这要追溯到丛林野生生活时期。那时候，鸡也生活在丛林中。公鸡具有敏锐的视觉和听力，担负着保护鸡群的责任，它们的眼睛能比人类更早感知到太阳光。因此，每到天亮时，公鸡就会打鸣，叫醒鸡群，同时也和其他鸡群相互联络。

找窝

母鸡要下蛋时，总会发出一种较长的声音，以告知公鸡，让公鸡帮忙找个窝。公鸡找到了合适的地方后，就会让母鸡在那里下蛋。不过，母鸡要是对这个窝不满意，就会让公鸡重新寻找。现在母鸡已经养成了这样的习惯，即使没有公鸡，它们下蛋前也会四处找窝。

“咯咯哒”

母鸡下蛋后，总是会“咯咯哒”地叫一会儿，其实这并不是它们在炫耀自己的成果。母鸡的这种习惯其实也形成于野生时期，那时母鸡下蛋后，就相当于是脱离了鸡群，所以要大声叫，以便公鸡听到后把它领回鸡群。

求关注

小鸡在破壳而出的前一天，就开始在蛋壳里柔声地叫，以引起母鸡的关注。根据小鸡的叫声，母鸡就可以知道小鸡的状况，以决定是否还要继续孵蛋。有时，母鸡也会发出温柔的叫声，以回应自己的宝宝。

分享美食

当公鸡找到许多美味的小虫时，就会发出高昂而短促的“咕咕”声。母鸡和小鸡听到后，就会飞快地跑过去分享。如果只找到了几粒小麦，公鸡的呼唤声就要低沉而缓慢一些。母鸡和小鸡听到这种声音时，有的会过去吃，有的则不理不睬。

守护小鸡

当所有的小鸡都孵出后，母鸡才会带着它们去觅食、喝水和玩耍。这时，母鸡会时不时发出不紧不慢的“咯咯”声，让小鸡们知道自己守护着它们。小鸡们如果走远了，也会用“唧唧”的叫声与母鸡保持联系。

求救

如果小鸡贪玩走丢了，看不到母鸡时，就会发出较长较大的叫声，呼唤母鸡来救助它。母鸡听到这样的声音后，就会去寻找小鸡并带回来。如果小鸡遇到了危险，叫声就会更加尖厉，母鸡就会跑过去救它。就算是面对老鹰或狐狸，母鸡也会奋不顾身地与其搏斗。

红袋鼠

红袋鼠是澳大利亚最大的哺乳动物及现存最大的有袋类动物，但其毛色并非都为红棕色。生活在澳大利亚东部地区的红袋鼠中，公袋鼠为红棕色，母袋鼠则为蓝灰色。生活在其他地区的红袋鼠则无论雌雄毛色都是红棕色。

集群生活

红袋鼠平时在原野、灌木丛和森林地带活动，靠吃草为生。它们之间相处融洽，过着小型的群居生活。由于寻找水源和食物，也会汇集成一个较大的群体。

降温

红袋鼠的四肢处较裸露，有丰富的毛细血管，可以起到降温的作用。天热时，红袋鼠会不断地舔舐胳膊和爪子，通过唾液的蒸发来带走热量。它们还会躲到阴凉的地方休息，甚至会挖个小土坑，躺在里面凉快凉快。

打斗

公袋鼠之间为了争夺配偶，会经常发生打斗。打斗时，它们会以后肢站立，用前肢向对方发起猛烈进攻。激烈时，它们会以尾巴支撑起身体，抬起两条后脚猛踢对方。

育儿袋

所有母袋鼠都长有前开的育儿袋，里面有四个乳头，小袋鼠就是在这里面吃奶长大的。小袋鼠还会在育儿袋里拉屎撒尿，所以母袋鼠就得经常“打扫”育儿袋的卫生：用前肢把袋口撑开，用舌头仔仔细细地把袋里袋外舔个干净。

勇敢地反抗

袋鼠遇到危险时会飞快地跳走，但有时也会勇敢地反抗。它们会用尾巴稳住身体，用有力的后腿狠狠地踢敌人的腹部。有时，它们会跳进水里，如果敌人追下水，它们就将敌人往水里按，将其淹死。

夜间行车要注意

袋鼠的视力很差，对灯光又很好奇，所以每年总有一些袋鼠被车撞死，但由于其繁殖率很高，所以并不会对物种的延续造成影响，

“种族歧视”

袋鼠家族中“种族歧视”十分严重，它们对外族成员进入家族不能容忍，甚至本家族成员在长期外出后再回来也会受到歧视。一个家族群在接收新成员时，必须教训一番，使其学会许多“规矩”后，才能得到大家的认可。

鹦鹉

鹦鹉是羽毛艳丽又爱鸣叫的鸟，还善于学习人类的语言，因此受到人们的喜爱，常被作为宠物饲养。鹦鹉种类繁多，有华贵高雅的紫蓝金刚鹦鹉，全身洁白头戴黄冠的葵花凤头鹦鹉，能言善语的亚马孙鹦鹉，小巧玲珑的虎皮鹦鹉和牡丹鹦鹉等。

梳理羽毛

鹦鹉经常梳理自己的羽毛，以维持最佳状态。有的鹦鹉还会互相梳理羽毛，被人养熟的还会尝试为主人梳理头发，这是非常友好的行为。

单脚站立

当鹦鹉一只脚站立时，往往羽毛也会变得蓬松，这时它们正处于放松状态，心情比较好，对人没有警惕性。

不要靠近我

当鹦鹉心情不太好的时候，会表现出攻击性。这时，它们会紧紧盯着目标，同时收缩瞳孔，松起颈后羽毛，还可能发出生气的声音。在这种情况下，如果伸手去触摸它们，是有可能被啄的。

点头

鹦鹉点头被称为“漱食”，大多是公鹦鹉的行为，它们把吃进去的食物消化成糜食，再反刍（点头）出来喂给母鹦鹉。如果母鹦鹉接受了公鹦鹉的食物，就表示接受公鹦鹉作为自己的配偶。

玩耍

被当成宠物饲养的鹦鹉不需要每天四处觅食，因此会花很多时间来玩耍。一根小木棍或者一个瓶盖，都可能成为它们的玩具。而且，它们也需要主人陪伴，如果主人不理会，它们甚至会乱叫抗议。

学说话

鹦鹉能够模仿人类说话，但这只是一种条件反射、机械模仿而已，这种仿效行为在科学上也叫效鸣。由于鸟类没有发达的大脑皮层，所以它们没有思想和意识，不能明白人类语言的含义。

冲行

鹦鹉有时会低着头向人或其他鸟冲过去，这是一种攻击行为，用以吓走入侵者。有时，它们会抬头向着人或其他鸟冲过去，这表示它们心情很好，想要跟人或其他鸟一起玩耍。

奇趣动物联盟
★
认证

动物情绪咨询师

编号：

姓名：

发证日期：

科学家早就发现，动物们也有自己的语言，有着独特的“语言交流”方式。如果你也喜欢动物，甚至还饲养了宠物，看完本书后，是不是更了解它们了呢?